我的自然笔记 +

百变昆虫

（韩）金辰燮　著
（韩）俞根宅　绘
崔雪梅　译

辽宁科学技术出版社
沈　阳

目录

第4章　探寻昆虫们的武器！

第5章　昆虫界义无反顾的爱情！

昆虫啊，

第1章

让我们认识一下
好吗？

你一定和昆虫打过交道吧？

什么，你说你还不认识它们？

可它们就在我们身边呀！

走吧，那就让我带你去认识一下它们吧！

和昆虫嬉戏

"你想吃到甜甜的蜂蜜吗？那你就用嘴使劲吸吮一下蜜蜂的屁股吧！"

这句话，当年在小伙伴之间广为流传，就连我小时候都对它深信不疑，非要亲口尝尝这甜美无比的蜂蜜不可。于是，费了大力气终于抓到了一只蜜蜂，当我迫不及待地把蜜蜂的屁股塞进自己嘴巴的那一瞬间……

"哎哟！"

我的舌头被蜂针蜇得红肿，可把我疼坏了！

还有一件更有趣的事呢！记得有一年中秋节，我去郊外的奶奶家串门。那里没有认识的小伙伴可以陪我玩游戏，更没有什么电脑、电子游戏机……实在感到无聊的我，一个人呆呆地坐在房门前的台阶上，两手托着下巴，眼巴巴地望着庭院。忽然，我的眼前一亮，什么东西一下子吸引了我。定睛一看，是一只"小辣椒"蜻蜓！

于是，我蹑手蹑脚地靠过去，手一挥，一下子就抓到了正落在篱笆上面的"小辣椒"。然后，我把这只"小辣椒"的尾巴用一根长线系着，满院子地疯跑起来。等我跑累了，又捡来一只死苍蝇，放在"小辣椒"的嘴边，仔细观察起它的吃相。不仅如此，我还抓来两只"小辣椒"，让它们俩"打架",我还在一旁加油呐喊助威来着；后来，我还干了不少坏事：我又抓来好多只"小辣椒"，把它们的翅膀分别夹在指间，然后一下子把它们都抛向空中，观察它们争先恐后地飞走的样子。

这个中秋节，我心里总不免因为虐待它们而有些愧疚，但真是多亏了这些"小辣椒"的相伴，我过得比任何时候都要开心快乐！

原来它也是昆虫

你跟昆虫之间发生过什么样的故事呀？想不起来了吗？

你有没有被蚊子叮咬过手指，红肿得都打不了弯，还有那次，在厨房里，你被橱柜下面缝隙中爬出来的蟑螂吓得摔了一大跤。还有一回，你从书架上拿下已尘封多时的百科全书，在翻开的一刹那，发现了在书页间来回爬行着许多蛀虫，把你吓出一身鸡皮疙瘩，你都不记得了吗？

刚才，我说的这些事儿，你都想起来了吧？其实，我们每个人或多或少地都接触过昆虫。我们身边经常能见到的，比如蚊子、蟑螂、蛀虫等，它们可都是属于昆虫类的。啊哈！原来你以前不知道它们也都属于昆虫类的动物啊？！那好，从现在起我们就给你详细讲讲这些昆虫吧。

蛀虫，是身子扁扁的，体长约1厘米的昆虫。它主要以啃食我们人类的衣物、纸张、木质家具等为生。

什么是昆虫？

昆虫的种类繁多，数量也很庞大。比如，有能跳跃自身身高40倍，被誉为"跳高冠军"的跳蚤；还有身上滴水不沾也可以自由行走在水面，被人们称为"水上漂"的沼泽水黾虫；还有能把肮脏的粪便滚成"绣球"，也能吃得津津有味的屎壳郎。说真的，昆虫界真是无奇不有啊！

你知道吗，在地球上动物的80%左右都属于昆虫，目前已发现的种类超过120万种，令人惊叹吧？

七星瓢虫

菜粉蝶

耳夹子虫

蜗牛

潮虫

既然昆虫的种类如此繁杂，那你一定在想，我们究竟应该怎样去辨别它们呢？其实很简单：

　　第一，只要它们的身子能分成头部、胸部、腹部；第二，长有3对脚或腿；第三，还有2双翅膀。就是说，只要它们具备了这三个条件，我们就应该把它们算成昆虫。当然，也有极个别的例外，比如：蚂蚁和跳蚤，它们的翅膀早就退化了，另外，比如苍蝇，它的翅膀经过很长时间的退化，只保留了1双等。

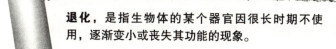

退化，是指生物体的某个器官因很长时期不使用，逐渐变小或丧失其功能的现象。

蟋蟀

嘘！神奇又神秘的蜻蜓大眼睛

让我们去探秘一下在我们身边比较常见的蜻蜓吧！蜻蜓的身子是由头部、胸部、腹部构成，又长有3对修长的腿，身上还有2双轻薄的翅膀，我们可以认定它是昆虫啦！

在全球范围内我们已经发现的蜻蜓种类多达2500多种。在夏秋季节，它们会成群结队地飞舞在祖国大地的各个角落。

蜻蜓的飞行速度在昆虫界里可是数一数二的。它们在如此高速的飞行当中，竟然还能轻而易举地捕捉蜉蝣那样微小的昆虫，它们的飞行本领很了不起吧！其实，秘密就藏在它头顶上的那双大眼睛里。

蜻蜓的眼睛是由2个复眼和头顶上的3个单眼所组成的。最神奇的是它的复眼，乍一看复眼像是一个眼睛，其实复眼里还聚集了1万～3万个单眼体。正因为有了这特有的构造，它就拥有了别的昆虫所不具备的秘密武器。它可以在很远的距离准确判断出微小昆虫的位置和飞行轨迹，然后进行捕捉。当然，同时也能利用这个神秘的武器来躲避天敌。

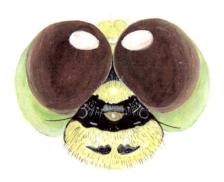

蜻蜓那双半圆形的复眼，对称地分布在头顶两端，使其能不留任何死角地环顾周围的任何动向。更何况，它还有3个单眼呢！

我们知道，单眼的数量越多，就越能看清周围情况。

腹部

胸部

头部

腿部

翼部

夏季"小辣椒"蜻蜓

每当到夏末秋初的寻偶
交配季节，它们的身子
就会变得像"小辣椒"
一样通红。

15

抓一只蜻蜓来仔细观察！

有一种最简便的方法能抓到蜻蜓，你知道是什么吗？那就是巧妙利用它眼睛的特性。当你发现静静地落在草叶或树枝上的蜻蜓时，慢慢地把你的食指伸过去，在它的眼前来回晃动。

这时你会问，既然它的眼睛那么厉害，那它不会马上飞走吗？放心，绝对不会的！相反，它会待在原地一动不动。正是因为它的眼睛对运动着的物体过分敏感，当它发现你在它眼前晃动的手指时，它的脑子里却在急切地

想："咦？这是什么东西？"它心里越是这样急切，就越是弄不清楚这究竟是什么东西，就在它犹豫不决地想"是要赶快飞走进行逃避，还是要对对方进行狠命攻击"的时候，我们就可以利用它的这种优柔寡断，果断出击，迅速抓住它的翅膀！

　　本来是为了有利于生存而进化为具有超强视觉的眼睛，如今却成了它致命的绊脚石。可见万事万物都有它的两面性啊！

好胃口的蟑螂

　　你还不知道吧？无处不在、时隐时现的蟑螂，也属于昆虫类。因为，它也完全符合昆虫的特点啊！你看，它的身子是由头部、胸部、腹部组成的，还长有3对腿和2双翅膀。

　　什么，你从来没发现蟑螂身上有翅膀？其实，我从前也以为蟑螂只会到处窜来窜去地爬行。但自从我小时候经历了一件事后就明白了蟑螂也会飞！有一天晚上，因为口渴难耐，于是我就想到厨房里倒杯水喝，当我按下电灯开关的那一瞬间，突然不知什么东西"噗噜噜"地从我眼前飞过，定睛一看，哦，原来是蟑螂！

　　在你身上，不是也曾发生过这样的笑话吗？记得那天，你忽然发现往冰箱和橱柜下面钻进去的蟑螂后，被吓得直喊"救命"呢。

　　那么，为什么蟑螂这么偏爱厨房呢？这是因为，蟑螂特别喜欢阴暗、潮湿、温暖，并且食物丰富的地方。我们家里的厨房，全都满足了它的这些生活习性。

　　蟑螂的胃口很好，吃得很杂，可谓来者不拒。不管是人们吃剩下的还是储存的所有食物，它都会迅速吃掉。与此同时，它还到处乱窜，这样不仅弄脏和污染了我们的食物，更可怕的是它会到处传播细菌和病毒。因此，人们非常讨厌蟑螂。尽管人类恨不得早日彻底灭绝蟑螂这个物种，然而，由于身体扁平且奔跑速度极快，蟑螂非常善于隐蔽躲藏，往往人类只能是"望蟑螂兴叹"啊！

蜘蛛是昆虫吗?

　　说实话，蜘蛛不是昆虫。根据判断是否属于昆虫类的三个既定标准：第一，身子是否由头、胸、腹部组成；第二，是否长有3对腿或脚；第三，是否长有2双翅膀等要素来看，蜘蛛的身子只分为头胸部和腹部这两大块，它的腿是4对，更没有什么翅膀之类的东西，因此，它不是昆虫。

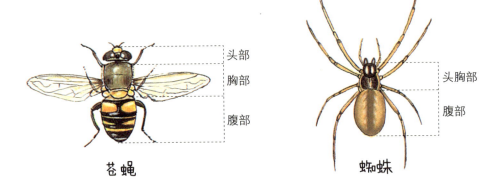

苍蝇　　头部　胸部　腹部　　　蜘蛛　　头胸部　腹部

蟑螂为什么叫作"活化石"?

　　蟑螂早在3亿5000万年以前就已经在地球定居了。而我们人类在地球的历史也不过10万年的光景。这样看来，蟑螂的栖息历史堪称悠久啊！据我们在出土的各类化石中观察发现，蟑螂的"古貌与今颜"并无太大差别，所以科学家一致认为蟑螂是"活化石"。

让我们来做一次捕捉昆虫的游戏吧!

　　我们要根据昆虫的不同特性，采取不同的手段去捕捉它们。如果是善于飞行的昆虫，我们就要用捕虫网来捕捉它们；如果是甲虫、尘虫、屎壳郎等喜欢夜行的昆虫，我们就要采用挖陷阱的办法。利用纸杯或玻璃瓶，在里面装一点它们喜爱的食物，把它埋在这些昆虫容易出入的地方，把纸杯口或瓶口与地面保持一样的水平高度。当这些昆虫闻到美食的味道，禁不住诱惑而一不小心掉进去的时候，因为纸杯或玻璃瓶壁的过于光滑，它们无论如何也爬不出来，只能束手就擒了。另外，对付喜好夜行的昆虫，还可以利用它们特有的趋光性，使用灯光来诱捕它们。这是一种最聪明、最有效的办法。因为在它们的脑海里，只认得月光和星光，所以，它们往往会把人工的光源误认为是月光或星光而自投罗网。

　　有的人还会拿起长棍去敲打树枝或草丛，让昆虫禁不住震荡而自行掉落，当然，要在它的下面预先铺上一层白色的布，这样昆虫们的痕迹便一目了然了。

21

昆虫的

第2章

前世今生

昆虫都是从卵孵化而来的，
但从卵到成虫的过程，
却有所不同。
究竟有何不同？
就让我们一同去观察吧！

菜粉蝶
它生长在白菜地和萝卜地里；
在那里我们就能邂逅它。

帝王蝶
我们可以在院落和周边的草
丛中见到它；
忽闪、忽闪地飞过。

紫色蝴蝶
雄蝶的翅膀正面是紫色的，
更彰显了雄性威力和华美，
可它又是那样的多情善感。

为什么不能用触摸过蝴蝶的手，再去触碰眼睛？

　　我非常喜欢蝴蝶。尤其是当我看见一只只蝴蝶在悠然地舞动着美丽的翅膀，在天空中翩翩起舞的美妙身姿之时，就会情不自禁地追着它们跑。很久以来，我一直想拥有一本属于自己的蝴蝶标本！但总是因为弄不好蝴蝶的翅膀而不得不一次次地宣告失败。蝴蝶的翅膀太脆弱、太轻薄，没有一定的专业知识和技巧，不容易成功。

　　蝴蝶的翅膀是由数千个鳞片整齐划一地排列组成的。所以，如果我们稍不留神，用手去捏蝴蝶翅膀的力度哪怕是稍稍大了一点儿，都会把它弄破而前功尽弃。还记得爸爸曾叮嘱过你，不要用触摸过蝴蝶的手再去揉眼睛吗？那是因为蝴蝶翅膀的鳞片通过你的手进入眼睛里，会造成伤害。

　　蝴蝶翅膀上的少许鳞片，在它们舞动翅膀的同时会自然脱落。这也正是为什么蝴蝶翅膀的颜色会随着它们寿命的增长而变得越来越黯淡无光的原因。

　　不过，看起来光鲜亮丽的蝴蝶，也不是天生就是这样光彩照人、炫目多彩的。你会问，这怎么可能？好吧，那就让我来给你好好讲讲蝴蝶前世今生的故事吧！

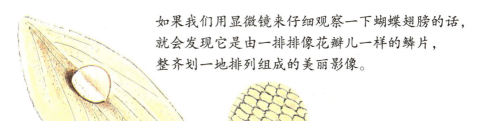

如果我们用显微镜来仔细观察一下蝴蝶翅膀的话，就会发现它是由一排排像花瓣儿一样的鳞片，整齐划一地排列组成的美丽影像。

化蛹成蝶之前

在我们看来，蝴蝶的寿命其实并不长。虽然，其中有那么几个种类的蝴蝶，当它们长到成虫以后，寿命也能达到一年多，但多数蝴蝶的寿命，只能维持两周左右。

蝴蝶的生命从卵开始。雌蝶把卵产在植物的叶子上或花丛之中，当卵在大自然怀抱里孕育一段时间后，蝴蝶的幼虫就会破卵而出了。这些幼虫还需要好多次的蜕皮过程，当然这蜕皮过程和次数，因种类不同而不同。当这些幼虫们艰难地完成了几番蜕皮过程之后，会把自己悬吊在树枝或草叶上，吐丝作茧变成了蛹的形态。然后，随着时间的推移，这些蛹就在茧壳之中变成了蝴蝶。当它们最终完成蜕变梦想之时，也正是它们破茧而出、化蛹成蝶的伟大时刻了。它们又重新回到温暖的大自然怀抱里，尽情地飞舞着，在追忆着天真无邪童年的同时，也去寻找浪漫的爱情，追逐着自己的另一半。因为，它们还担负着去完成繁衍后代的重任。就这样，蝴蝶又开始了一个新的轮回。

这下，你终于知道蝴蝶的前世今生了吧！像蝴蝶经历的完整"卵——幼虫——茧蛹——成虫"这4个生命过程，我们就叫它"完全蜕变"。

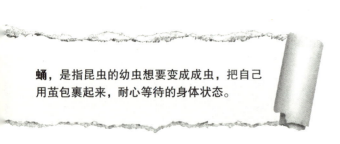

蛹，是指昆虫的幼虫想要变成成虫，把自己用茧包裹起来，耐心等待的身体状态。

菜粉蝶的一生

5.
当翅膀被微风吹
干、被温暖的阳光
晒干的时候，它便
翩翩地飞走了。

4.
刚刚破茧而出的它，
静静地落在花丛或子叶之中，
缓缓展开褶皱、潮湿的翅膀。

3.
已长大的幼虫，
吐丝作茧做着成蛹前的准备，
从幼虫到蛹，
需要15~20天。

2.
5~7天，
幼虫就会破卵而出，
幼虫靠啃食叶草而生，
在此期间它会经历4次蜕皮。

1.
蝴蝶通常会把卵产在叶草的背面，
它的形状像长长的桶，
颜色是淡淡的黄色。

知了在成形之前

也有很多昆虫与蝴蝶的蜕变过程不一样，它们直接从幼虫经过蜕变为成虫。也就是说，在"卵——幼虫——茧蛹——成虫"的这4个过程中，中间少了一个"茧蛹"的过程，我们通常把这种情况叫"不完全蜕变"。

每当炎热的夏季到来时，我们常听到知了恼人的鸣叫声，知了就是一种通过"不完全蜕变"而变成成虫的昆虫。

雌性知了在树干等地方凿洞，然后就把卵产在这些树洞里，大约经过一年的时间，幼虫就会蠢蠢欲动地破卵而出了。幼虫们这时就会爬出洞口，直接掉落在地上，然后又马上扒开松软的土壤钻入地下。而这些幼虫钻入地下后，就会用空心竹棍模样的小嘴，如饥似渴地尽情吸吮着树木根部的汁液，以此来满足自身成长的营养需要。根据

青知了的展翅过程

从开裂的茧壳中露出头部。

把自己的身子使劲往后仰，依次露出头部、腿部和翅膀。

知了的种类不同，在地下生长的期限也有较大不同。它们短则1~2年，长则5~6年，还有比这更长的种类。当它们长到人的大拇指大小的时候，就要破土而出又重新回到地面上来了。重见天日的幼虫们纷纷依附在树枝上，享受着温暖阳光的沐浴。它们的外壳不久就会变得硬邦邦的了，再过一段时间，在这个硬壳的中间，就会竖着裂开一条长长的缝隙，这时已经在里面长成成虫的知了，就会破壳而出了。已"长大成人"的知了，从此就整天依附在树枝或树干上不停地鸣叫着，通常这种现象会持续2~3周的时间，然后它们就会接二连三地死去。

这样看来，我们能见到知了，并能听到知了鸣叫声的时间，要比知了在我们身边成长的时间短暂多了。也正因为如此，人们才会说，其实知了们的鸣叫声并不是那么恼人，反而还感到些许的悦耳呢。

利用腿部的蹬踏力量，最终实现腹部的完全脱壳。

当完全破茧而出后，它会静静地依附在树干上，耐心等待着褶皱的翅膀完全舒展开来。

知了，你为什么要鸣叫？

这时，你不禁会问：

"它们在地下生活了那么长时间，重见天日也只不过是2～3周的短暂时间，为什么要整天趴在树干上'吱——吱——'地叫个不停呢？"

这是因为，它们在那么短的时间内，必须完成"结婚生子、繁衍后代"的整个过程。

在整个夏季里不停地鸣叫的是雄性知了，因为雌性知了是不会发出鸣叫声的。雄性知了利用自己那洪亮的鸣叫声，不断向外传播着自己的雄性魅力。当雌性知了一旦得知此处有一个自己很中意的知了"小伙子"，就会飞过来与它交配。如果，雄性知了的鸣叫声还不够响亮，那会是什么样的结果呢？它就会孤独地度过一生。

在都市里，雄知了的鸣叫声为什么要比郊外的雄知了声音更大呢？因为都市里有来来往往的汽车发出的噪声和工厂企业里轰鸣的机器发出的噪声，它们会严重干扰到雄知了向雌知了发出的求爱信号。于是，雄知了不得不竭力提高自己的鸣叫声。

不仅如此，当郊外的雄知了在满天星斗的夜晚，头枕着树叶，陆续开始坠入甜美梦乡的时候，已经声嘶力竭地鸣叫了一天的都市雄知了们，被城市里的灯光所迷惑，又开始掀起新一轮的鸣叫高潮了。人们往往会误认为宁静郊外的知了声要比繁华都市里的知了叫声更加悦耳动听。其实，那只不过是人们随各自的心情不同而感受也不同而已。

青知了

每个知了的鸣叫声是不同的。

青知了的鸣叫声是"吱——
吱——吱——"。

青知了的蜕皮

每到7—8月间，我们
就会在一些树干或
某个建筑物的墙壁
上，看到它们蜕下
来的皮。

不经蜕变的蛀虫

我们要知道，不是所有的昆虫都会完成蜕变过程的。有很少一部分的昆虫种类，是不需要蜕变的。其中，最有代表性的就是蛀虫了。

我们常说，在不知不觉中一点点被侵蚀的现象，叫"蛀虫现象"。我们身边的书本纸张、衣柜里的许多衣物，就是被那些蛀虫一口一口地蛀食了。什么，你突然为自己书柜里那些珍贵的书和衣柜里那些心爱的衣服而担心？大可不必，因为，蛀虫体长不过1厘米，即便被它们蛀食，损坏的速度也没你想象得那么快，程度也不会那么严重的。

但为了防止自己心爱的衣服被蛀虫伤害，我建议你还是在衣柜里放一些樟脑丸或驱虫剂之类的药物吧！虽然，随着壁纸、地板、衣物等物品中含有化学物质成分的增加，蛀虫的数量已经迅速减少，但为了以防万一还是采纳一下我的建议吧。

不经蜕变的蛀虫，在长成成虫之前要经过20~60次的脱皮过程，你能想象得到吗？但是，蛀虫从幼虫到成虫，除了体长上的微小变化外，其模样基本是不变的。

所以，我们常常把不经蜕变的蛀虫，会看成爬虫类，而不是昆虫类。但是，千万不要忘了，它可是具有头部、胸部、腹部等3部分而且有3双腿的昆虫哟！

怎样区别知了的生与死?

在你走路的时候，如果遇到路旁有翻了个儿的知了，请你走近一些仔细观察一下它吧。你会发现，有的腿是向外伸直、有的却向腹部蜷曲着。那个向里蜷缩着腿的知了，我们就可以认定它是已经死去了的。不仅仅是知了，大部分的昆虫死后也都是这个模样。这是因为，所有死后的生命体，都会因生命活动的结束和体内的化学因素造成肌肉的收缩。就是说，随着腿部的肌肉收缩，使得腿向内腹部蜷曲，也因此造成身体的平衡被打乱，逐渐偏向一侧，最终使躯体翻过去。

死去的知了
看它的样子，
是不是把腿蜷曲在腹部呢?

活着的知了
它的腿却是伸直的!

蝴蝶和飞蛾有什么不同呢？

蝴蝶在休息的时候，常常把翅膀折叠起来；但飞蛾却把翅膀展开来休息。蝴蝶常常在白天活动；但飞蛾大部分是在晚间活动。蝴蝶的触须末端长得像小圆球一样；而飞蛾的触须却是毛绒状，当然也有像羽毛状等多种多样的形状。蝴蝶的身姿比较修长，飞蛾的身躯大部分是比较粗壮、丰满的。所以，在我们眼里看着很相似的蝴蝶和飞蛾，其实有很多不同！

蝴蝶　　　　　　　　　　　　飞蛾

知了是怎样发出声音的呢？

当我们悄悄走近依附在树枝上正在鸣叫的知了，去近距离观察一番后就会发现，它的下腹部在一张一弛地活动着。原来，知了的肚子里有V字形的肌肉群。知了把这组肌肉群全部调动起来，使它们快速地做着张弛运动，这时与这些肌肉群相连接的振动膜，被充分带动起来了，发出一阵阵的鸣叫声。最初的声音其实并不大，但知了空空的腹腔这时恰好就形成了音箱，起到了扩音器的作用。

大开胃口的美食！

第3章

世上所有的昆虫也像人类一样
都有各自喜好的美食。
今天，就让我们来讲一讲昆虫们喜好的美食
和寻找美食的方法，
以及它们是如何享用这些美食的故事吧！

葫芦蜂
因为它会用泥巴造出像葫芦瓶似的窝，
所以我们才叫它葫芦蜂。
它们会把捕捉到的各类小爬虫储存在这泥巴窝里，
好让自己即将孵化出来的幼虫们美美地享用。

牛蝇
它们会捕捉各类活体昆虫，
来吸食它们的血液。

螳螂
它们专以活体昆虫，
比如蜘蛛或者青蛙为自己的美食。

食蚜蝇
它们就像蜜蜂一样从容坐在花瓣之中，
以花粉为食。

长毛蜂
它们为了喂饱自己刚刚孵出的幼虫，
竟然会去捕杀一只蜘蛛。

昆虫们都吃些什么？

现在就让我们来讲一讲关于吃的故事吧。

或许你在吃饭的时候，经常和妈妈发生争吵吧？妈妈让你多吃一些蔬菜，而你却偏偏爱吃肉。

自然界的昆虫们也像你一样，都有各自喜欢的食物。蝴蝶和蜜蜂喜欢吸吮花粉；知了喜欢吸食树枝的水分；蚂蚱是以啃吃草叶为生的。如果说，螳螂是一个地地道道爱吃各类昆虫的肉食类昆虫的话；那苍蝇就是来者不拒，什么都能吃的杂食类昆虫了。所以，我们把喜爱以植物为食的昆虫，叫作食草类昆虫；以捕食昆虫为生的昆虫，叫作肉食类昆虫；我们就把不分植物和昆虫的、食性比较杂的昆虫，叫作杂食类昆虫。

这样看来，不论是我们人类世界还是昆虫类的大自然界，都是大同小异的！要说不同之处，只不过昆虫们身体结构的演化恰如其分地体现了它们的食物偏好。比如，昆虫们根据各自不同的采食种类，长有各不相同的嘴形，并且它们的进食方法也千差万别。即使是同一种类的昆虫，它们在幼虫和成虫时代的食品种类以及进食方法也是有很大差别的。

下面，我们就要重点讲一讲昆虫们都吃些什么，又是怎样进食的。

纺织娘

和蚂蚱不同，
长有长长的触须，
虽有翅膀，
但飞行能力却不及蝈蝈儿；
它擅长利用修长而有力的后腿
完成从一地到另一地的跳跃。

岛草蜢

它长有尖尖的头部，触须又
短又扁。到了交配期，雄性
常常骑在雌性的背上。
但雄性的个头要比雌性小很
多，因此，往往会被误认为
妈妈在背着自己的孩子。

翘尾蝗

它的屁股总是微微翘着，
它也因此而得名。

40

蝈蝈儿

它的体长可达5～6厘米，要比蝗虫大一些。
它展翅飞舞的身姿，很酷吧！

只为吃一口嫩草叶，一跃而起的蝗虫！

你知道，过去人们小时候最爱吃的零食是什么吗？就是到稻田地或田埂周围去抓一大兜儿蝗虫回来，然后用油爆炒出酥脆可口的油炸蝗虫。

蝗虫一般生长在稻田地以及其周边地区的荒地草丛中，想抓到它，可不是件轻而易举的事情。当我们想尽一切办法悄悄靠近它即将得手的时候，它却好像早就意识到了危险，闪动着翅膀"噗噜噜"地逃得无影无踪。体长只有3～4厘米的蝗虫，可以往前一下子跳出自身体长20倍远的距离，往上可以跳到自身体长6倍高度的位置。是不是很惊人啊？

蝗虫是啃食以草叶之类的植物为生的。所以，农夫们都怕它祸害农作物。

菜粉蝶

口味多样的蝴蝶

你还记得菜粉蝶吗？我们不是在讲昆虫的前世今生的时候简单介绍过嘛！菜粉蝶，它也是和蝗虫一样的以食草为生的昆虫。

菜粉蝶的数量曾经是很多的。但随着地球温室效应的日趋加重，它们的生存环境也被进一步破坏，数量急剧下滑。值得庆幸的是，我们偶尔还可以在郊区的白菜地或萝卜地里见到它。因此，人们也叫它"菜粉蝶"。你肯定会问，那它是以啃食白菜叶为生的喽？说得完全正确。它在幼虫时期确实以啃食白菜叶为生，但到了成虫阶段就要以吸吮花粉为生了。平时，它的那根细长的嘴巴是像卷筒一

弄蝶

蛱蝶

样卷着的，只是落在花瓣上要吸吮花蜜的时候，才会把它
打开成吸管状，深入到花蕊之中饱得美味。你看它是不是
把自己的嘴巴进化得惟妙惟肖、恰如其分呢？

　　但这决不能说明蝴蝶们只以花粉、花蜜为食，它们也
会偶尔落在垃圾堆或脏水坑里去吸吮一些水分。还有一些
蝴蝶是以吸食树枝的水分为生，或者以吸食各种动物的排
泄物以及烂果子的汁液为生的。甚至还有一些蝴蝶特别喜
好肉食呢！你说什么，你不相信在文弱纤细、翩翩起舞的
蝴蝶当中，竟然还能有肉食种类呢？

蝴蝶能吃肉吗？

在韩国，有一种叫"富田黑子蝶"的蝴蝶，迄今为止它是被我们发现的大自然中唯一的肉食性蝴蝶。白色的翅膀上面点缀着类似围棋黑子一样的花纹，"富田黑子蝶"的美名也因此而得。

富田黑子蝶
我们在芦苇丛或草丛中，偶尔会与它不期而遇。这是因为，它的唯一食物——日本扁蚜虫，就生活在此地。

富田黑子蝶的数量比较稀少，所以我们还是很难见到的。还有，因为它的体长只有人们的大拇指那么大，不是特意去寻找的话，很难发现它。

富田黑子蝶与其他蝴蝶种类不同，它是以肉类为食的。倒不是说它像我们爱吃烤肉等肉类，它只吃蚜虫。它们早在幼虫时期就长有下颚，可以捕食蚜虫，当到了长有空心竹棍似的嘴巴的成虫阶段，就只吸吮蚜虫体内的汁液了。它们只把日本扁蚜虫视为自己的美味佳肴。

作为在蝴蝶种类中比较奇特的肉食类昆虫，尤其是它的单一食性，是不是很值得我们关注呢！

日本扁蚜虫，生活在属于竹科的红华竹或竹笋类植物上，它们的身上密密麻麻地围着像棉绒似的毛，呈白色。

肉食昆虫界的代表，螳螂

为什么富田黑子蝶的幼虫时期比它们的成虫时期能更凶残地捕食扁蚜虫呢？这是因为它们长有一个强壮的下颚。这是肉食类昆虫所应必备的生理结构条件。

在肉食昆虫界赫赫有名的螳螂也是如此。不仅如此，它还具备了在捕猎过程中，最得心应手的神秘武器。

螳螂是一种比较常见的昆虫。相信你也曾看过，架着像长木锯似的大长腿，用自身草绿色的保护色，很好地把自己伪装起来，静静地隐藏在草丛中，时刻准备着捕杀猎物的螳螂吧。这时你也许会以为那是螳螂在睡觉吧？其实，它的警惕性是很高的，它不仅要做好时刻捕杀猎物的准备，还要时刻警惕着来自身边的威胁。

就这样，在耐心的等待过程中，一旦有猎物出现在它那一双锯齿形大长腿的攻击范围内，螳螂就会毫不犹豫地果断出击，迅速将猎物制服，并在最短时间内将到手的猎物吃掉。在我们眼里，螳螂进食的场面显得比较血腥，但在农夫们的眼里，螳螂是很受欢迎的。这是因为，螳螂捕杀的都是那些啃食农作物的各类害虫。

保护色，是指为了避开周边动物们的视线，把自身的颜色变成与周围的环境颜色相似的颜色，是一种自我保护的伪装。动物们常常利用这种行为，一方面利于攻击猎物，进行捕食；另一方面又很好地保护了自己。

昆虫界的将军，田鳖

　　田鳖，也和螳螂一样，是在昆虫界有名的肉食昆虫。它的英文名字"fishkiller"，含义是"捕鱼者"，单单从它的名字就已经足够让我们感到毛骨悚然了。

　　田鳖喜欢在湖泊、湿地、洪水过后的水洼地等水量比较充裕的地方栖息。但近年来，由于自然环境遭到了比较严重的破坏，这种水源充裕的地方已经屈指可数了，田鳖这种昆虫自然也就越来越少见。

　　田鳖不仅没有把一般的昆虫放在眼里，还能捕食远远大于自身体积的各种鱼类和青蛙类。你也许会问，这怎么可能？其实，田鳖的捕杀技能既简单又凶残。当遇到猎物时，它就会迅速扑向猎物，用自己那一对像镰刀一样的前腿牢牢地钳住猎物，再用自己长得像注射器一样的嘴巴，

水蝎子
两个长长的前足非常有力，
主要以吸食小鱼或蝌蚪
背上的体液为生。

龙虱
腿部长有密密的毛，
正适合它在水中游动，
主要以捕食水下昆虫为生。

快速地将毒液注入猎物的体
内。它的这种毒液非常厉害，
一般的猎物只需注入一滴毒液，
就马上毙命了。这时，田鳖就会
很从容地将猎物的体液吸干。它
这个"昆虫界将军"的威名真不
是虚传啊！

田鳖
体长5～7厘米，
在水生昆虫类中，
它的体积算大的了。

49

蚊子为什么爱吸血？

昆虫界里有一种昆虫，平时，无论是雄性还是雌性均以吸食蜂蜜或植物的汁液为生，可是一旦交配期过后，雌性就从素食变成了肉食性昆虫。它就是每到夏季就非常恼人的蚊子。

一旦雌性蚊子完成交配，就开始四处寻找可以使其吸到血的人或动物，然后悄悄飘落在皮肤表面，在上面涂抹自己的唾液。这是因为它们的唾液可以使皮肤软化而又短暂失去知觉，这样它们就可以趁机把尖尖的嘴巴轻而易举地插进皮肤表层里了。

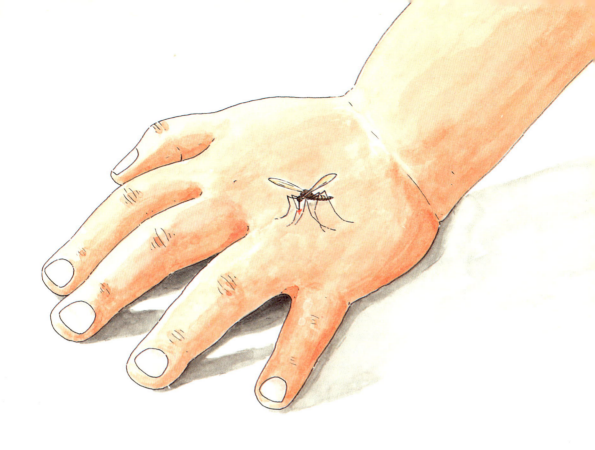

　　雌性蚊子吸血的目的是为了能够产下更多的卵。若想产下更多更高质量的卵，就要大量吸取血液里的蛋白质和铁元素。

　　正是由于雌性蚊子的这种特性，每到夏季的夜晚，我们人类就要和这恼人的蚊子展开一场"轰轰烈烈的战争"。有的人整夜点蚊香；有的人像逃兵似的钻进了蚊帐里；有的则用双手或苍蝇拍去追打，但总是慢半拍。

　　但大可不必为我们的这种行动迟缓而垂头丧气。因为，不是我们无能，而是蚊子的飞行速度实在太快了。我们知道，蜜蜂的振翅速度是每秒200次；果蝇是每秒250次。但你知道蚊子的振翅速度吗？它能达到每秒600次！

好胃口的苍蝇

我们一直在观察和学习，只以某一种主要食物为生的昆虫，但在种类繁多的昆虫界里，还有一种是不论肉食还是素食全都能吃的昆虫。

苍蝇就是这样的昆虫。它们从来不分干净的、脏的还是新鲜的或是发霉烂掉的，统统作为自己的饕餮盛宴。甚至即使是令人作呕的粪便也会当作美食大餐，吃得还蛮香的呢！如此一来，从不计较洁净与肮脏之地的苍蝇足迹，就会遍布各个角落，它们也因此就成了传播细菌的罪魁祸首。所以，人类不得不向苍蝇发出宣战书，动员一切可以动员的力量，绞尽脑汁地誓死要消灭它们。比如，到处去喷洒灭蝇药剂，或者在苍蝇经常出没的地方，贴上一旦苍蝇落脚就能使它们的脚牢牢粘住而不能自拔的不干胶。

我们从来都认为苍蝇是一种极其肮脏的昆虫，但它们也会经常去做自我清洁的事呢！它们一旦空闲下来，就会去清洁脚末端吸盘上的灰尘。这是因为只有吸盘干净了，它才能在天棚或墙壁上做到行走自如。如果你悄

在苍蝇的**吸盘**里，会不断地流出黏糊糊的液体。这就是苍蝇为什么能在光滑的玻璃表面或天棚上，甚至即使是倒悬着也能行走自如的原因。

绿豆蝇
体长虽然只有1厘米左右，
但在苍蝇界中还算偏大的。
它很喜欢在粪便和动物尸体
上产下蝇卵。

悄接近苍蝇仔细观察，就会发现它在不停地揉搓着两个前腿，那就是它正在认真进行清洁。

闻味而动的蚂蚁

　　我们对蚂蚁的熟悉程度一点儿也不逊色于苍蝇。在杂食类昆虫当中，蚂蚁也是名列前茅的。我们经常会看到蚂蚁把人类所有东西，还有小昆虫的尸体以及果籽类的东西，统统拖进自己洞穴。

　　当你一不小心掉落一点儿冰淇淋在地上，你就会发现，在已渐渐融化了的冰淇淋周围，有一大群蚂蚁围了上来，在替你打扫战场。

　　那么，蚂蚁们是怎么这么快就得知这里有美味食物的呢？而且还是几十只蚂蚁一起来的呢？

　　原来，蚂蚁的头顶上长有一对触角。它们是通过这对

触角闻到了食物的味道而且准确判断出了食物的位置，并迅速赶过去的。当它们遇到的食物比较多，就会召唤同伴来共享这顿大餐。那么，它们是怎么召唤自己的同伴呢？原来，蚂蚁的肚子末端长有一个可以释放一种化学物质的腺体，它们就是随着从这里释放出来的化学气味才找到食物的。当然，往洞穴里拖曳食物的时候，它们也一直不停地释放着这种腺液，以便找到回家的路。

怎么样？昆虫们各自喜欢的食物和寻找食物的方法以及它们的进食方法，是不是千差万别啊？随着我们对昆虫们了解的逐渐加深，我们的心里是不是又对这些小昆虫们产生了一种不可小觑的感觉呢？

为什么被蚊子叮咬过后，我们才会感觉痒？

这是因为，蚊子在飞落到人的皮肤上时，会选择相对比较柔软的部位。然后，在柔软的皮肤表面，涂上一层厚厚的唾液。在这种唾液里，有一种能快速分解皮肤表层脂肪的化学成分，使我们的皮肤在不知不觉中迅速被软化。当它认为软化得差不多的时候，迅速把自己那尖尖的像针一样的嘴巴，恰到好处地插到直达血管的深度，与此同时，蚊子还会往里面输入一种有镇痛剂和抗凝固剂的物质。所以，我们的血液才会被蚊子很顺畅地吸到它的肚子里，而且直到它很从容地飞走后，我们才有了痒的感觉。

随着食物的不同，嘴巴的形状也不同！

苍蝇的嘴巴末端长有一个像海绵状的东西，不论它落到哪种食物上面，都会用它来吸食汁液。还有，身手不凡的猎手螳螂，它长有一个能轻而易举地切割或刺透猎物身体的坚硬下颚。另外，蝴蝶的嘴巴形状像卷起来的长纸筒，这很适合它去吸食花蜜。而蚊子的嘴巴形状像一根锐利的针头，这让它能顺利地吸走人们的血液。还有，田鳖的嘴巴形状像注射针一样，这让田鳖在刺破猎物身体后，能迅速吸干它们的体液。

为什么孩子们更容易被蚊子叮咬？

蚊子是用它们的触须去感知来自周围所有刺激性的味道，比如，人的体温、汗味儿、香水味儿、化妆品等味道。蚊子就是靠这些味道来选择吸血对象的。而小孩子和健康的成年人，向外散发的气味更浓郁一些。所以，小孩儿和健康的成年人，更容易招惹蚊子的叮咬。这就是为什么有很多人在一起活动或睡觉的时候，总有那么几个人会成为蚊子的最爱。

探寻

第4章

昆虫们的武器！

所有昆虫身上都会自备至少一样
用来防范天敌威胁的武器。
或是气体，或是毒液，或是钳子和针，
甚至还会是角；
谁也说不清它们武器的种类到底会有多少。
今天，就让我来向你们介绍一下昆虫们的
神奇武器吧！

臭屁虫身上为什么有膻气？

昆虫们在四处寻找食物的同时，也不得不时刻绷紧所有神经，提防来自天敌的威胁。

记得那是去年夏天的事儿，我在山上看到了一串红彤彤的野樱桃，心想，这可是老天爷留给我的美味啊！马上迫不及待地摘下扔进了嘴里，"呸呸呸！"我全都吐了出来。本想一定会是汁浓味美、满口留香的，可万没想到一股不知是羊膻味儿还是酸臭味儿，弄得我这嘴里好不是个滋味儿。原来，我心太急，根本没注意那串野樱桃上面还趴着一只臭屁虫（学名：蝽象），它看我的手直接伸向樱桃，还以为我是要去抓它，所以在霎时间喷出一股极其膻臭的，令人作呕的液体后逃之夭夭了。结果让我一口吞进了嘴里，直到现在，一想起这事儿，我都半天吃不下饭。

臭屁虫就是利用这样恶臭的液体来防御来自天敌的攻击。还没等天敌在恶臭的膻气中缓过来，它已经溜之大吉了。

当然，不是只有臭屁虫才有防御武器，几乎每个昆虫都至少有一样防御武器。不然，在这朝不保夕、危机四伏的大自然中，是很难立足生存下去的。那么，下面就让我们看看它们的防御武器都有哪些吧！

天敌，是指在捕食与被捕食的食物链中，主动去捕食的动物。
臭屁虫的天敌主要有鸟类和肉食性昆虫。

稻绿蝽
它身上的颜色是很鲜艳的嫩草色，
一旦轻轻触动它，就会喷出恶臭的
膻气。

菜蝽
它身上的颜色美如绸缎，
它们主要聚集在萝卜和白
菜地里。

61

虽然有些人可能对黄尾放屁虫望而生畏，但农夫们很喜欢它。
因为它们昼伏夜出，能帮助农夫们消灭那些啃食农作物的害虫。

砰！可以释放毒气弹的黄尾放屁虫

　　要论谁是释放气体的高手，就要数可以释放毒气弹的黄尾放屁虫了。如果一旦有其他动物轻轻触碰到它的话，它就会从尾部的出气孔里"砰！"的一声释放出气体，犹如人们放屁的样子。其实它的那声响屁并不可怕，响屁之后的味道让人难以忍受。

　　你知道它的威力究竟有多大吗？这种气体一旦落到人的皮肤上面，瞬间就会红肿，好像被轻度灼伤一样。所以，你们可别轻易去伸手抓它哟！

　　听到这里你会说，如此身怀绝技的黄尾放屁虫就不会有天敌了吧？说错了，它也有天敌。它的这种绝技有一个致命的缺陷，那就是当遇到天敌的时候，只能释放三四次毒气弹，而不能无休止地连续释放。当它释放到三四次后，再想释放就得休息一会儿，它的天敌们就是抓住这个机会一口吞掉它的。

身藏毒刺的胡蜂

胡蜂，也叫马蜂，一提到它的名字就令人毛骨悚然。在蜜蜂种类中，马蜂体积算大的，且又很凶猛，它用自己身体尾部的毒刺来捕杀其他昆虫，就连自己同宗同族的蜜蜂也会成为它的盘中美餐。据说，就因为马蜂自身不能酿蜜，才更喜欢捕食蜜蜂的。因此，对那些养蜂人来说，只要一听到马蜂，就感到心惊胆战。

马蜂的毒刺可不像蜜蜂的尾刺只是一次性的，而是可以循环使用的。不仅如此，马蜂的毒刺中含有夺命的剧毒。在电视新闻里常有报道，有人被马蜂蜇了后丢掉性命。

但近些年来，越来越多的马蜂飞到我们城市里来，严重骚扰着人们的正常生活。

从前，马蜂一直本分地在丛林和田野中以捕食小昆虫为生。但如今随着我们都市化进程的加速推进和发展，很多郊外的丛林绿地面积在一天天减少，那些为寻觅花丛酿蜜的蜜蜂们不得不转向都市里来寻找糖分，马蜂们自然也就开始尾随蜜蜂而来了。

马蜂
一旦有人骚扰它们，
它们就会用毒刺或强有力的
下颚来还击。
尤其在它们蜂拥而至、群起
而攻击的时候，
其危险性是可想而知的。

65

哦，斑蝥身上也有毒？

斑蝥，这种昆虫虽然没有像马蜂一样的毒刺，但在它身上所具有的毒性，可一点儿也不比马蜂差。斑蝥这种昆虫，当遇到危险时就会马上收缩四肢装死，或者从尾部分泌出一种黄色的叫斑蝥素（cantharidin）的有毒物质。如果一旦误食了这种有毒物质，就会严重威胁到生命。所以，古时候的人们常常把斑蝥晒干后碾成粉入药，利用以毒攻毒的药理作用，用来刺激人们的中枢神经。怎么样，它的毒性大不大？

虽然斑蝥身上藏有剧毒，但它的长相可没有我们想象的那样恐怖，反而有时还觉得挺可爱呢！在胖乎乎且修长的身躯上还长有短短的翅膀，尤其是它那一扭一扭的走路姿势特别引人逗笑，还有它们在阳光下亮晶晶的躯壳也越发地显示了可爱。人们也因此根据它们身上的不同颜色，分别给它们取了个青斑蝥、墨斑蝥、黄斑蝥等非常好听的名字。

虽然斑蝥的种类很多，但不是那么容易见到的。这是因为，雌性斑蝥的产卵数量虽然一次可以达到数千枚，但它们绝大多数都长不到成虫，它们的成活率实在太低了

斑蝥素这种有毒物质一旦被人的皮肤触碰到，会立即出现水疱并有像被火灼伤一样的疼痛感觉。

斑蝥素
雌性斑蝥一次可以产下2000多枚卵，
它的一生可以生产5次左右，
这样算下来，这一生可产下1万多枚
的卵。

昆虫界的大力士将军，独角仙

说到昆虫们的武器，不能不提到昆虫界的大力士将军独角仙头上的那支大角，真可谓威猛无比啊！

雄性独角仙因为头上长着硕大的角，所以要比雌性显得威猛很多。它们常常用这支角，或在雌性面前与其他雄性决斗争取交配权，或在同类中抢夺食物。雄性独角仙们之间的决斗，就像我们经常能看到的斗牛一样，两支强有力的角互相别在一起，看谁能把谁顶出去。

带着头盔的头上还长有角……单从它们这种威猛的外貌上看，在肉食昆虫界里应该是相当争强好斗的家伙吧？这就有些以貌取人了。其实，独角仙在白天是躲在树皮层下的，直到夜里它们才悄悄出来吸食树的汁液。不到为了保护自己非要跟对方打一场的境地，它们是不会轻易出"角"的。它们这种"儒雅"的生活习性和威猛的长相，在昆虫界的确有几分大将军的范儿呢！是吧？

头盔，是指在古代战争中，为避免被敌方射来的弓箭或砍来的刀等武器所伤，利用铁皮、藤树枝等物质做出来的帽子，是一种自我保护装备。

用"剪刀"来"咔嚓"！耳夹子虫

　　你在夜里上厕所的时候，曾经见过尾巴根部长有夹子的长相奇特的昆虫吧？对了，那就是耳夹子虫（学名：蠼螋qúsōu）！它最喜欢潮湿的生活环境了。所以，我们家里比较潮湿的厨房和卫生间，都成了它们最理想的居住场所。但如果是在野外，它们就会选择枯萎的树洞或在石块下面挖个洞钻进去。

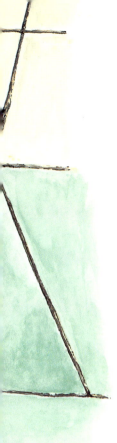

耳夹子虫的最有力武器，就是腹部下面长着的那对夹子。这对坚硬的夹子，原来是从尾毛慢慢进化而来的。

它们夹子的模样和大小，根据不同的种类而不同，根据雌雄的区分也会有较大的差别。有像蜂窝煤夹子那样修长的，有像晾衣服夹子那样短小精悍的。虽然它们夹子的模样大小各不相同，但在捕食和进行对敌攻击时起的功效却是一样的。耳夹子虫的夹子非常有力，它能轻而易举地"咔嚓"一声切割诸如蚯蚓或幼虫等许多昆虫们的身体。但它的这点力气却对我们人类形成不了任何伤害，所以大可不必担心。

说到耳夹子虫，我们不能不提一件很感人的事儿。那就是关于它们的母爱。雌性耳夹子虫在产下卵之后，就会一直寸步不离地守候在这些卵的身边，当每一枚卵孵化出来的时候，它还会把卵一个个地舔干净，当遇到其他昆虫的袭击危险时，它会奋不顾身地挺身而出勇敢作战。

就这样，直到自己的儿女们完全能自食其力地独立生活为止。这种母爱是不是令人感叹啊？

幼虫，是指昆虫刚刚从卵中孵化出来，还完全没有独立生存能力的状态。

雄性锯齿鹿角虫
雄性的下颚又大又长，稍稍往里弯曲，犹如时刻展开双臂，要揽入怀中的模样。

雌性锯齿鹿角虫
雌性的下颚要比雄性的小了许多，它的体长也没有雄性那样大。

72

头顶利刃的鹿角虫

在昆虫界中，具有有力下颚的昆虫还真不少，其中鹿角虫也算一个。雄性鹿角虫的下颚就很硕大。再加上下颚的里侧是像锯齿一样凸起错落的，看起来可真像个鹿角啊！它的奇特之处就在于，我们人类的下颚是上下活动的，但它却是左右活动的。我们要是拿手指轻轻去碰一下它的下颚，它就会迅速收紧咬上一口，感觉还会有点儿疼，所以小朋友们就不要轻易去抓它哟！

鹿角虫是以吸食树木的汁液而生活的。它们用强有力的下颚去抠开坚硬的树皮后，再用舌头去舔食从中流出来的汁液。

它们既不需要打猎，又不属于肉食类的昆虫，那它们的下颚为何会进化得那样发达呢？这是因为它们实在是一种争强好斗的昆虫啊！雄性之间是为了争夺交配权和食物；雌性之间则是为了霸占更加温馨的产房和美味佳肴。它们在争斗时，用各自强有力的下颚去互相撕咬对方，甚至把对方高高举起甩下擂台。它们争斗的场面，犹如我们人类的摔跤比赛那样惊心动魄。

臭屁虫会选择什么样的时机喷出膻气呢？

我们在前面也讲过，臭屁虫会在遇到天敌的威胁时喷出膻气十足的液体，这是它自我保护的一门绝技。除此之外，它会在寻找配偶的时候，为了更好更多地吸引和诱惑异性而喷发膻气；或是在排泄自身体内废弃物的时候；或是在警告同类不要侵入自己领地等时候。虽然它们选择的时机大致相同，但臭屁虫们各自所喷出的膻气味道却千差万别啊！有的会喷发出带有迷人意味的香气；有的却被自己喷发出的奇臭无比的膻气而当场熏死，你说好笑吧！

斑蝥的幼虫为什么要聚集在花瓣丛中呢？

斑蝥的幼虫刚从卵中孵化出来，马上就会聚集到花瓣丛中。这是因为，它们要在此等候田园熊蜂的到来。它们苦苦地等待着，当田园熊蜂飞来时，它们就会紧紧地粘在田园熊蜂的腿上，随着它一起搬迁到田园熊蜂的窝里定居起来了。这里有斑蝥幼虫们享用不尽且营养丰富的免费蜂蜜大餐。不仅如此，斑蝥幼虫们还可以时不时地捕食一些田园熊蜂的幼虫来改善一下伙食。这样及时地补充一下高蛋白营养，为自身能够快速成长提供了丰厚的物质条件。但是，这样的幸运儿只是一小部分，而绝大部分的斑蝥幼虫们，在被田园熊蜂带离之前，早已成了螳螂、蚂蚱还有蝴蝶等天敌们的腹中美味了。

让我们一起来饲养一次独角仙吧！

我们之所以提议在家里饲养独角仙，目的是为了更好地观察它们从幼虫到成虫的整个成长过程。首先，我们要准备一个饲养容器，再找来一些腐叶土和青竹段铺在里面，上面还要给它放上两三根短木棍。之后，我们还要准备一些蜂蜜、昆虫、果冻或肉冻等这些独角仙最爱吃的食物。喂食的时机最好选择在晚间，饲养容器一定要始终保持清洁。这些都是在饲养过程中很重要的几个环节。然后，我们抓来一对雌雄独角仙，把它们一起放进容器里。我们就会很好地观察到它们是怎样交配的，雌性独角仙又是怎样产卵的等比较详细的过程。

饲养容器

腐叶土

蜂蜜

果冻或肉冻

短木棍

昆虫界

第5章

义无反顾的爱情!

昆虫们究竟为什么要投入全身心的精力四处寻找食物,
还要用自身的武器去拼死抵抗来自天敌们的攻击?
当我们看到它们交配时的模样,
就会恍然大悟地意识到它们只是为了,
在这个世界上留下更多的子孙后代!
就让我们去仔细观察一下昆虫们是怎样交配的吧。

无法忍受饥饿的螳螂

我在路过一片绿草地的时候，曾看见一只螳螂正在捕食一只和自己同一种类的螳螂，我都被当时的情景惊呆了。原本螳螂是一种肉食性昆虫，更是一个捕猎高手，关于这一点我早有耳闻，但没想到，它还能毫无顾忌地残忍吃掉同类，万万没想到！

你也看过，端起像锯齿般的一对前腿，静静地守候在草叶上的螳螂吧。对了，只要它一旦发现有猎物进入自己的伏击圈，就会以迅雷不及掩耳之势用它那有力的前腿迅速钩住猎物，风卷残云般地吃掉猎物。这些都得益于它那身很难分辨且能很快融入周围环境的保护色，再加上它有一对强有力的前腿和健硕的下颚，即便是比它体形稍大一些的昆虫也不是它的对手，乖乖地成了它的盘中餐。

我们之所以感到惊奇，是因为有时螳螂会饥不择食地吃掉同类。当雌性螳螂在交配过程中或在交配完成后感到饥饿时，就会最先选择离自己最近的雄性螳螂为食，一口气把它吃得干干净净。上次我看到的可能就是这种场面吧。

其实这也难怪，雌性螳螂的体积要比雄性螳螂大将近1.5倍呢！雄性螳螂当然不是它的对手了，只有束手就擒的份儿了。但这绝不能成为雄性螳螂被吃掉的唯一因素，在我的进一步深入研究中发现，雄性螳螂还有一种不违天命心甘情愿的奉献精神。可能它们宁愿牺牲自己的生命，也要为繁衍自己的后代而提供物质保障吧！

以色彩传情的蜻蜓

当我们看到雄性螳螂在交配完成后，视死如归地奉献出自己的身体，自愿被雌性螳螂吃掉的场景，这确实不得不让我们陷入沉思。它们投入全身心的精力去四处觅食，用自身的武器拼死抵抗来自天敌们随时都有可能的攻击。这难道它们最终只是为了繁衍自己的种族吗？不仅仅是螳螂，还有蜻蜓、蜜蜂、蜉蝣、萤火虫等昆虫们，各自都拿出看家的本领，使出了浑身解数，不遗余力地为繁衍后代做着非常执着的努力！

每当到了秋高气爽的季节，漫天飞舞的红辣椒蜻蜓们，就会把蔚蓝的天空刺绣得美如锦缎。如果一提起红辣椒蜻蜓，在大家的脑海中自然就会浮现出全身都是通红通红颜色的蜻蜓形象。但谁又能猜想得到，它们身上的颜色原来是黄色的，当进入到了秋季的交配期时，才变成红彤彤的颜色。但雌性却依然会保持着原来的黄色。所以说，雄性红辣椒蜻蜓是为了更能吸引异性注意力所采取的一种变色手段，我们称它为"婚姻色"。当看到它们身上的颜色变红了的时候，我们自然就会想到"噢，它们又该迎来交配期了！"。

蜻蜓们在交配时候的样子，始终保持着像爱心形（♡）的姿势，堪称昆虫界最美、最令人羡慕的交配姿势。

蜻蜓交配为何做出"爱心"造型?

蜻蜓在交配的时候，为什么总是做出爱心造型呢？这和蜻蜓们的生殖器的生长位置以及形态有着密切的关系。

一般来说，昆虫们在交配的时候，雄性会骑在雌性的上面，用腿抓住雌性进行交配。但蜻蜓的翅膀是直立在肚子上面的，所以雄性根本无法到雌性的上面去用腿抓住它的。所以，雄性蜻蜓只能把像尾巴一样的长肚子弯曲过来，牢牢抓住雌性的前胸。

即便是采用了这样的姿势，相互间的生殖器也很难连接。因为，雄性蜻蜓生产精子的生殖器在第9个腹节上，而雌性生产卵子的生殖器却在第8个腹节。这样一来，当交配时，雄性不得不把原来存在第9个腹节的精子推移到第2～3的腹节上来，雌性看到雄性已经准备就绪了，它也会很配合地使自己的肚子弯曲过来，把第8个腹节对准配偶的第2～3个腹节上。雌雄蜻蜓之间的爱心造型就这样形成了。

腹节，是指位于昆虫腹部上的肉节。蜻蜓的腹部是由10个肉节组成的。

蜂后在选择配偶时是非常挑剔的,
因为她想把最优秀的遗传基因留给下一代。

只忠于女皇的痴情蜜蜂

　　还有一种交配造型非常形象的昆虫种类,那就是蜜蜂。

　　蜜蜂是一个数万口家庭成员在一起群居的昆虫种类。蜜蜂们的社会阶级可分为蜂后、雄蜂、工蜂3个等级。一个蜂巢只有一只蜂后,雄蜂可以有100只左右,但工蜂的数量就比较庞大了,有3万~5万只。不是所有蜜蜂都有交配权的,交配行为只能在蜂后和雄蜂之间进行。

　　当成熟的蜂后飞向天空的时候,那些平时毫不劳作,只等与女王蜂交配的雄蜂们,就会一涌而起地追随着蜂后飞到天上。于是,天空之中就会出现一群雄蜂胡乱追逐一只蜂后的壮观景象。人们把这种现象形象地比喻成"婚姻飞行"。

在雄蜂们进行如此混乱的婚姻飞行之时，蜂后的慧眼就会准确地从中选出最有力、最强壮雄蜂，而且只选其中的一只雄蜂来与自己交配。

蜂后完成交配后或者选择带领一些工蜂们离开原来的巢穴重建新巢；或者还会选择回到原来的巢穴，去继续发展壮大自己的族群。这时，你会发问，那些雄蜂们的命运会怎样呢？唉，那些雄蜂们只能毫无价值地死去！

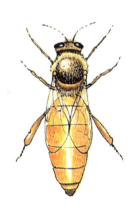

蜂后
它的体形要比雄蜂或工蜂大得多。
每天它都会产出1000～2000枚的卵。

雄蜂
平日里毫不劳作，只为交配而生存。一旦完成了交配，就会立即死去。

工蜂
整天忙碌于采蜜、修筑蜂窝，但它们更有保护蜂后和蜂卵的重任，它们还要完成养育幼蜂的工作。

因为"闪婚"而更显珍贵的爱情：蜉蝣

　　在初夏季节里，当我们路过水塘边时，经常会看到数以千计的一群群小飞虫在我们眼前飞舞晃动的情景。它们就是被称为蜉蝣的昆虫。因为它们的生命十分短暂，所以人们又叫它"活一日"。其实，它们是可以存活一星期左右的。当然，如果把它们在水下存活的幼虫时期都算起来的话，它们的寿命可以达到1～2年呢！

　　蜉蝣的生命绝大部分时间是在水下度过的，它们飞出水面后只能存活很短的时间。雌性蜉蝣飞出水面后会迅速晾干自己的翅膀，然后高高飞起。与此同时，等待已久的雄性蜉蝣们也会争先恐后地追逐着雌性蜉蝣。这又会是一场蜉蝣们的婚姻飞行，看起来确实和蜜蜂们的婚姻飞行很相似吧？

　　只可惜，蜉蝣们的这种空中飞行只能维持一两个小时。别看这一两个小时在我们人类眼里根本不算什么，但对于蜉蝣们的一生来说，可谓是厚积薄发的最辉煌时刻了。因为，它们会紧紧把握这个时刻，寻找到自己生命中的伴侣进行"闪婚"，当完成了受精这一历史使命后，雄性蜉蝣们很快就会一个个地死去，而完成了产卵使命后的雌性蜉蝣们，最迟也不会超过第二天，就会相继死去。

彩纹蜉蝣
它的眼睛是凸出的，
有3个长长的尾须。

用荧光传达爱意的萤火虫

　　你知道吗?在昆虫界有一种以荧光来传递自己爱慕之情的昆虫，它就是肚子根部会发出闪闪荧光的萤火虫。当然，有光就会有一定的温度。你不是也曾触摸过，通了电的电灯泡或荧光灯管吗？是不是感觉到了热？萤火虫其实就是和这一样的道理。但当我们用手指直接去摸萤火虫肚子的时候，可一点也感觉不到热。嗨，这可太神奇了!

萤火虫在幼虫时期会捕食一些像蜗牛一样的小昆虫，但到了成虫时期则只吸吮一些露水。萤火虫的荧光美得像浩瀚夜空中那点点星光。

　　当我们经过更加仔细观察之后，就会发现每只萤火虫发出的闪闪点点的萤火都略有不同。原来，萤火虫们是充分利用萤火的明暗程度、闪烁的频率速度和时间长短等方式来进行相互交流的。尤其是在交配期到来的时候，雄性一旦相中了哪只雌性，就会发出更加明亮的荧光，其闪烁的频率也明显加快，它们好像在对自己心爱的姑娘说："我心中最美丽的天使，请选择和我结婚吧！"这时那个被小伙子的真情打动的萤火虫姑娘，也会立即发出回应的萤火信息，好像在说："好吧！请跟我来！"

　　就这样，它们很快就会坠入爱河完成交配，之后雌性萤火虫飞到草丛之中产下它们许多的可爱的萤火虫宝宝。更加神奇的是，无论是在卵的状态下和刚刚孵出卵的幼虫状态下，还是处在蛹的状态下，它们都会发出淡淡的、依稀可见的蓝色荧光！所以说，萤火虫的一生都是发光的一生，是闪亮的一生！

哦，昆虫为何不见了呢？

　　如此美丽的萤火虫，从前随处可见。但是近些年来，却很难再见到萤火虫了。这是因为，随着大自然生态环境的破坏，萤火虫们的栖息地也大面积地减少了。

　　不仅仅是萤火虫！还有绸缎虫、天牛虫等许多昆虫，早已经远离了我们，我们很难见到它们了。

　　有的人时常无知地说："世上有那么多的昆虫，即使绝迹几个昆虫种类，这又算得了什么呀？！"其实，这句

话真可谓大错特错！在纷繁复杂的大自然生态食物链中，昆虫是一个不可或缺、十分重要的一环啊！如果昆虫消失了，就会有很多植物的花朵因无法被授粉而不能结果；而这又直接影响到以植物果实为食的许许多多动物们的生计。

昆虫故事快讲完了，怎么样，有趣吗？这样看来，其实昆虫世界和我们人类也没什么太大的区别，你说呢？

蜜蜂为什么要跳舞呢？

原来，蜜蜂是用它们美丽的舞姿，来向同伴们传递何方何处有食物，并且与食物之间的距离有多远等信息的。发现食物的蜜蜂会迅速飞回到蜂窝前，舞动着翅膀使自己的身体左右摇摆起来，紧接着，突然会在空中摆出静止姿势，然后又向左或向右画出半圆形的舞姿形状。这样在同伴面前展示了一会儿自己的舞姿后，再一次飞回到蜂窝前，又恢复使自己身体左右摇摆的刚才舞姿，不一会儿，又会摆出突然静止的姿势，然后，这次又画出与之前相反方向的半圆形舞姿。这个样子，因为酷似数字中的8字，所以人们又叫它"8字舞"。

以蜂巢为基准，如果蜂蜜等食物在上方，它的身体就会冲着上方跳8字舞。

以蜂巢为基准，向左90°方向有蜂蜜等食物，它的身体就会转向左侧跳8字舞。

以蜂巢为基准，如果食物在下方，它的身体就会向下跳8字舞。

每个昆虫吸引异性的方法都会有所不同！

任何昆虫在交配之前，首先要找到自己的另一半。那么，它们是怎样吸引异性的呢？萤火虫是以自己身体尾部发出光亮的方法；蚂蚁和蜜蜂是用向对方释放一种叫"pheromone"的体内化学分泌物气体；蛐蛐或知了则是以它们洪亮的鸣叫声来打动异性伴侣的芳心；蜻蜓和蝴蝶会用身上斑斓的色彩来吸引异性配偶的。

每个昆虫的交配姿势都各不相同！

螳螂、蝗虫等昆虫，雄性通常在骑到雌性背部的状态下完成交配。尤其像这类昆虫的雌性的体积要比雄性大很多，冷眼看上去就像妈妈背着宝宝一样。另一方面，诸如像臭屁虫、绿豆蝇、蝴蝶等昆虫们的交配姿势是互相望着相反的方向，采用尾部对接的方式进行交配。

草蜢

找找看

让我们和昆虫一起共荣共存吧!

从前的孩子们, 可远远比不上如今的孩子, 手里握着各种特色玩具, 其花样繁多且应有尽有, 甚至刚买不久的玩具只要是玩腻了, 就毫不吝惜地把它们扔掉, 吵闹着父母给自己买新的玩具。真是令我们这代人羡慕不已! 记得我们小时候, 能拿一只昆虫乐此不疲地玩上大半天。每当到了夏天, 逮住一只蜻蜓, 用线在它的尾巴上绑上一根大麦草, 然后又把它放飞; 逮住一只知了, 把它翻过来用手指轻轻按下肚子, 互相比比看谁抓到的知了的鸣叫声更大。又当到了秋季, 我们逮住一只捣米虫, 用手抓住它们的后退, 让它们做出捣米的动作, 又好像迫使它们向我们告饶救命般有趣好笑; 等玩乏玩累了, 就在田间地头抓上一小口袋肥肥的蝗虫, 回家拿油一炸, 香酥美味地吃上一顿。

但只可惜, 这些都早已经成为回忆中的过去。你不信? 让我们睁眼看看周围的环境吧, 就因为人类的过度开发, 造成了严重的环境污染, 剥夺了那些昆虫们赖以生存的栖息地和空间, 再看看我们身边因濒临灭绝而很难看到实物, 却只能到昆虫博物馆去观察它们的标本。

昆虫的种类和数量在急剧减少, 这些问题都容不得我们有半点的忽视! 如果昆虫们都消失了, 那么那些以捕食昆虫的动物们也会面临生存危机的。你说什么? 就让它们改吃植物好了! 别忘了, 没有了昆虫, 那些植物们也难以生存啊! 因为, 这些植物们的绝大部分是要靠昆虫来传播种子和接种授粉的啊!

我真希望能通过这本书传达给你们我的一个心愿, 并能起到一个启迪作用。这就是, 为了更深刻地懂得昆虫的生命价值, 就让我们和昆虫一起共存共荣吧!

真心·希望与昆虫们共存的 金真摄

图书在版编目（CIP）数据

我的自然笔记.百变昆虫 /（韩）金辰燮著；（韩）俞根宅绘；崔雪梅译. —沈阳：辽宁科学技术出版社，2016.3
　　ISBN 978-7-5381-9337-4

　　Ⅰ.①我…　Ⅱ.①金…　②俞…　③崔…　Ⅲ.①昆虫—儿童读物　Ⅳ.①Q-49

中国版本图书馆CIP数据核字（2015）第171871号

出版发行：辽宁科学技术出版社
　　　　　（地址：沈阳市和平区十一纬路29号　邮编：110003）
印　刷　者：辽宁彩色图文印刷有限公司
经　销　者：各地新华书店
幅面尺寸：170mm×240mm
印　　张：6
字　　数：200千字
出版时间：2016年3月第1版
印刷时间：2016年3月第1次印刷
责任编辑：姜　璐
封面设计：袁　舒
版式设计：袁　舒
责任校对：栗　勇

书　　号：ISBN 978-7-5381-9337-4
定　　价：25.00元

投稿热线：024-23284062　1187962917@qq.com
邮购热线：024-23284502